BBC earth 博思星球

科普版

王朝

── 伟大的动物家族 ──

DYNASTIES

── THE GREATEST OF THEIR KIND ──

探秘非洲野犬

［英］丽莎·里根 / 文　李颖 / 译

科学普及出版社
·北京·

北京市版权局著作权合同登记　图字：01-2022-6296

图书在版编目（CIP）数据

王朝：科普版. 探秘非洲野犬 /（英）丽莎·里根
文；李颖译 . -- 北京：科学普及出版社，2023.1
ISBN 978-7-110-10498-9

Ⅰ.①王… Ⅱ.①丽… ②李… Ⅲ.①犬科-少儿读
物 Ⅳ.① Q95-49

中国版本图书馆 CIP 数据核字（2022）第 167409 号

总 策 划：秦德继	责任编辑：李世梅
策划编辑：周少敏　李世梅　马跃华	助理编辑：王丝桐
封面设计：张　苗	责任校对：张晓莉
版式设计：金彩恒通	责任印制：李晓霖

出版：科学普及出版社	邮编：100081
发行：中国科学技术出版社有限公司发行部	发行电话：010-62173865
地址：北京市海淀区中关村南大街 16 号	传真：010-62173081
网址：http://www.cspbooks.com.cn	

开本：787mm×1092mm　1/12	
印张：13 ⅓	字数：100 千字
版次：2023 年 1 月第 1 版	印次：2023 年 1 月第 1 次印刷
印刷：北京世纪恒宇印刷有限公司	

书号：ISBN 978-7-110-10498-9 / Q · 280　　　　定价：150.00 元（全 5 册）

（凡购买本社图书，如有缺页、倒页、脱页者，本社发行部负责调换）

目 录

这是黑尖

它是英国广播公司（British Broadcasting Corporation，BBC）《王朝》系列节目里的明星。在非洲津巴布韦的马纳波尔斯国家公园，节目组跟踪拍摄了它的野犬群夺取新领地的全过程。非洲野犬是一种让人着迷的动物，它们身上有很多值得我们了解的东西。

基本概况

种： 非洲野犬

纲： 哺乳纲

目： 食肉目

保护现状： 濒危

野外寿命： 长达 11 年

分布： 非洲东部和南部

栖息地： 草原和林地

大小（肩高）： 60 ~ 75 厘米

体重： 18 ~ 36 千克

食物： 羚羊、疣（yóu）猪、野兔、啮齿动物、狒狒

天敌： 狮子、鬣（liè）狗、鳄鱼

来自人类的威胁： 栖息地丧失和破碎化、疾病、捕猎、交通事故

非洲野犬

这种濒临灭绝的动物有许多别名，如杂色狼、非洲猎犬和三色犬等。

一起生活

一起生活的非洲野犬组成一个野犬群。

非洲野犬的学名是 *Lycaon pictus*，意思是"毛色如画的、像狼一样的动物"，因为它们的毛皮上长着美丽的图案。

近距离看一看

非洲野犬很容易辨认，它们有圆圆的耳朵、狗一样的脸和身体，还有花纹丰富的毛皮。它们是食肉动物，主要以肉为食。

尾长，尾尖为白色

大大的耳朵由许多肌肉构成，能通过旋转和改变方向来捕捉细微的声响

毛色有棕色、黑色和白色，而且每个个体的斑纹都是独一无二的

腿长，腿部肌肉发达，适合奔跑

科学家们还认为，大大的耳朵能帮助它们散热。

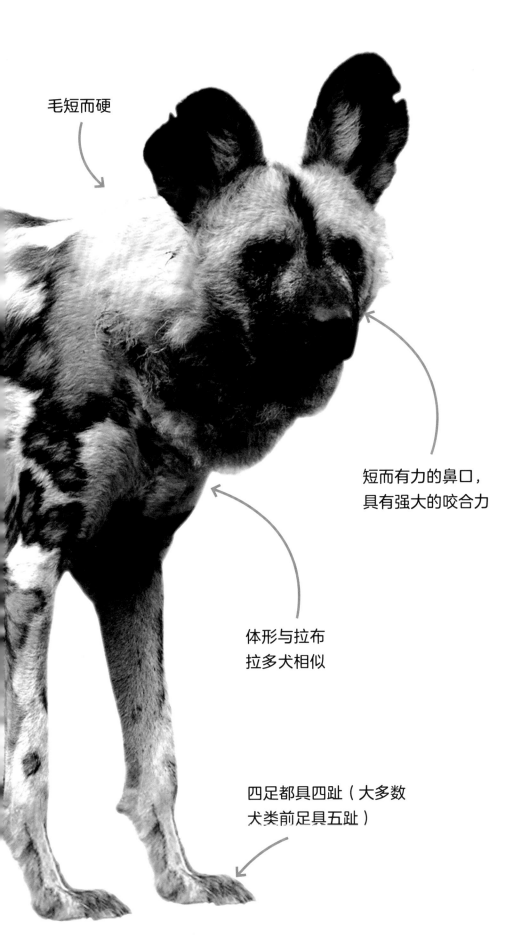

毛短而硬

短而有力的鼻口，
具有强大的咬合力

体形与拉布
拉多犬相似

四足都具四趾（大多数
犬类前足具五趾）

非洲野犬通常在
黎明或黄昏时捕
猎，但月圆之夜
也会出动。

长跑健将

非洲野犬非常擅长追击猎
物。它们奔跑速度极快，并
且能进行长时间的追逐。

它们生活在哪里？

非洲野犬的足迹曾遍布非洲的许多国家。而现在，我们只能在非洲大陆南部、东南部的少数几个国家的草原和林地中见到它们的身影。

较大的非洲野犬种群分布在津巴布韦、博茨瓦纳、纳米比亚、赞比亚、坦桑尼亚和莫桑比克。

猎场

非洲野犬通常生活在热带稀树草原上，也喜欢覆盖着绿草的沼泽。对它们来说，开阔地比森林更易于捕猎。

狮子也住在马纳波尔斯。

黑尖和它的妈妈泰特都生活在津巴布韦北部赞比西河的河漫滩上。这片区域名为马纳波尔斯，这里形成了四个湖泊，全年可以供水。

非洲大家园

在津巴布韦，一年只有两个季节：雨季和旱季。

在雨季，降雨过后，大地一片郁郁葱葱。

而在旱季，干渴难耐的动物们会被吸引到池塘和河流周围来，因为这里是方圆几英里¹内唯一的水源。

---
1 1英里≈1.609 3千米。——编者注

环境安全的时候，非洲野犬喜欢
在水中玩耍，给自己降温。

群居

非洲野犬过着群居生活。与很多其他动物相比，非洲野犬更懂得互相照顾。

野犬群由一只雌性非洲野犬担任首领，所有重要决定，比如捕猎的时间和地点、捕哪种猎物、什么时候休息等，都是由首领做出的。

一个野犬群需要大约六只成年非洲野犬才能完成捕猎和繁衍任务。有些野犬群数量较为庞大，例如黑尖的野犬群，拥有多达30只非洲野犬。

野犬群中的同伴通过摇尾巴、发出叫声、跪下或者钻到对方身下等方式来打招呼。

　　如果同伴受伤或上了年纪，野犬群不会丢下它们不管。野犬群会替同伴寻找食物，照料伤者直至它们恢复健康。

身体接触和一起玩闹很重要。它们通过相互摩擦、嗅闻和舔舐来增进彼此之间的感情。

非洲野犬幼崽

首领通常是野犬群中唯一诞下幼崽的雌性非洲野犬。它在旱季产崽，因为此时更容易捕捉猎物，喂养幼崽。

一起出生的一群幼崽称为"一窝"。雌性非洲野犬一次可以生下两只至十五只幼崽。

刚出生的幼崽看不见东西，非常无助。它们会待在洞穴里，以防受到狮子和鬣狗的袭击。

这种洞穴通常是土豚生活过的旧巢穴。

扫码看视频

一开始，幼崽喝妈妈的乳汁。大约四周后，它们就可以吃肉了。成年非洲野犬会把食物装在胃里带回家，再吐出来喂给幼崽吃。

刚出生的幼崽长着黑白相间的毛。随着渐渐长大，它们独特的斑纹也开始显现。

领地

一个非洲野犬群需要很大一片猎场。为了占据领地，它们常常需要与其他野犬群展开争斗。

非洲野犬的嗅觉相当灵敏，它们能准确地知道附近是否有其他非洲野犬。

它们用气味标记自己的领地，警告其他动物远离。这种气味大约十天之后才会消失。

娴熟的猎手

非洲野犬常常捕食一种叫黑斑羚的羚羊。只有速度够快、动作敏捷，才能对付这样的猎物。

一只成年黑斑羚的体形可以达到非洲野犬的三倍大。

扫码看视频

逼近猎物

　　一群非洲野犬缓慢而稳步向猎物逼近。当黑斑羚察觉到野犬群到来时，追逐就开始了。通常，野犬群会分成小队，从不同方向向黑斑羚发起攻击。

和大多数食肉动物一样，非洲野犬有一组特殊的臼齿，称为"裂齿"，专门用于把肉从骨头上撕下来。

捕猎成功

　　非洲野犬群的捕猎行动，十次中大约能有七次成功。这样的概率比狮子高了太多，狮子捕猎的成功率大概只有 30%。

　　在成年非洲野犬进食之前，幼崽可以先吃。

非洲野犬的菜单

黑斑羚并不是非洲野犬唯一的食物，非洲野犬也会捕食扭角林羚、犬羚等其他羚羊，以及野兔和疣猪等。

野犬群有时也会袭击非洲水牛，但这种情况非常罕见。水牛体形庞大而健壮，而且非常善于自卫。

在旱季捕食羚羊是很危险的。非洲野犬可能会被地上的坑洞绊倒，摔断腿。这些坑洞通常是雨季时大象踩在泥地里留下的脚印，在旱季被太阳烤得又干又硬。

扫 码 看 视 频

我们记录下了马纳波尔斯的非洲野犬在旱季捕食一种新的猎物——狒狒的镜头，这在影片拍摄史上尚属首次。大块头的雄性狒狒有非洲野犬的两倍大，但野犬群会避开这样的雄性，去袭击体形较小的狒狒。

尽管拥有巨大的牙齿作为武器，一只雄性狒狒还是无法护住整个狒狒群。

天敌

非洲野犬有着强而有力的上下颌和锋利的牙齿，是杰出的猎手。然而，它们并没有生活在附近的捕食者那么庞大的体形。

头号天敌

狮子是非洲野犬的头号天敌。在马纳波尔斯，狮子是造成非洲野犬死亡的头号杀手，还会偷走它们宝贵的猎物。

鬣狗的威胁也不容小觑。它们体形大于非洲野犬，同样成群结队地捕猎，而且拥有非常强有力的上下颌。

尼罗鳄的身长可以超过三个人的身长，它们的嘴大得足以吞下整只非洲野犬。野犬群非常害怕它们，会尽量远离水域。

蜜獾体形不大，但性情凶猛。一旦发现非洲野犬幼崽，蜜獾就会杀掉它们。

受到威胁

非洲野犬正面临着从地球上消失的严重威胁。它们已被列为濒危物种，是世界上生存最受威胁的食肉动物之一。

消失不见

在非洲大陆上，曾经有大约 50 万只非洲野犬分布在近 40 个国家。而现在，至少一半的国家中的非洲野犬已经灭绝。科学家们估计，目前仅有约 6 500 只非洲野犬幸存。

大量非洲野犬死于疾病，它们会与家犬感染相同的疾病，却得不到兽医的救治。

人类的威胁

对非洲野犬而言，人类是最大的威胁。20 世纪，非洲野犬被视为害兽，杀死非洲野犬的人能得到酬金。现在仍有许多非洲野犬被人射杀、毒杀或掉入陷阱被抓。

栖息地的丧失也对非洲野犬造成了极大的影响，城镇建设夺走了它们的生存空间，许多非洲野犬死在了横穿它们领地的公路上。

电视明星

找到非洲野犬群，跟踪并拍摄它们，这并不是一件容易的事。《王朝》节目组的工作人员做到了，并成功跟拍了两个不同的野犬群！

摄制组分成小组，分白天和黑夜轮流跟拍。为了在黑暗中顺利拍摄，他们使用了能在夜间成像的特殊摄像机。最终，他们用 669 天的时间拍下了泰特和黑尖的生活。

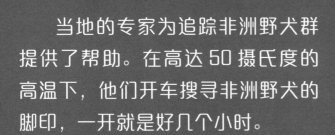

当地的专家为追踪非洲野犬群提供了帮助。在高达 50 摄氏度的高温下，他们开车搜寻非洲野犬的脚印，一开就是好几个小时。

有一位专家能通过闻野犬粪便的方式判断正在追踪的是哪一个野犬群！吃狒狒的非洲野犬的粪便会产生特殊的气味，因此他能够知道哪些粪便属于黑尖的野犬群。

每一只非洲野犬身上的斑纹都不相同，这有助于摄制组的工作人员辨别它们到底谁是谁。然而，由于它们身体两侧的斑纹也不同，要记下的斑纹数量需要乘以二才行。工作人员跟踪拍摄了 91 只非洲野犬，这意味着他们要分辨 182 种斑纹！

考考你自己

关于非洲野犬，你学到了哪些知识？

把书倒过来，就能找到答案！

1

非洲野犬群的领导者叫什么？
A. 阿姨
B. 首领
C. 指挥

2

非洲野犬的孩子可以称为什么？

3

判断正误
在野外，非洲野犬能活到 40 岁。

4

以下哪个别名不属于非洲野犬?
三色犬，美洲猎犬，杂色狼

7

非洲野犬的毛:
A. 又长又硬
B. 又短又软
C. 又短又硬

6

哪种动物是非洲野犬
的头号天敌?

5

非洲野犬每只前足有
多少个脚趾?

8

非洲野犬的耳朵是什么形状的?

答案: 1. B 2. 幼崽 3. 错误（非洲野犬的猎捕区域分布约为11年） 4. 美洲猎犬（非洲野犬只生活在非洲） 5. 4个 6. 狮子 7. C 8. 圆形

名词解释

濒危　世界自然保护联盟（IUCN）《受胁物种红色名录》标准中一个保护现状分类，指某个野生种群即将灭绝的概率很高。

捕食者　捕食和猎杀其他动物的动物。

颌骨　形成脊椎动物口腔的两块骨骼，即上颌骨和下颌骨。

河漫滩　指河谷底部河床两侧、大汛时常被洪水淹没的平坦低地，由河流自身带来的泥沙堆积而成。

臼齿　哺乳动物上颌和下颌后部的牙齿，咀嚼面具齿尖。

猎物　被捕食的生物。

领地　这里指动物为了找到足够的食物而占有的区域。

灭绝　一个科或种的最后一个个体死亡。

热带稀树草原　位于干旱季节较长的热带地区，以旱生草本植物为主，零星分布着旱生乔木、灌木的植被。

食肉动物　主要以肉为食物的动物。

兽医　治疗动物疾病的医生。

土豚　非洲的一种哺乳动物，善于挖洞，吃蚂蚁和白蚁。